ESCANEE EL CÓDIGO PARA ACCEDER A SU COPIA DIGITAL GRATUITA

SCAN ME

ESTE LIBRO PERTENECE A

_____

EQUUS – EL CABALLO

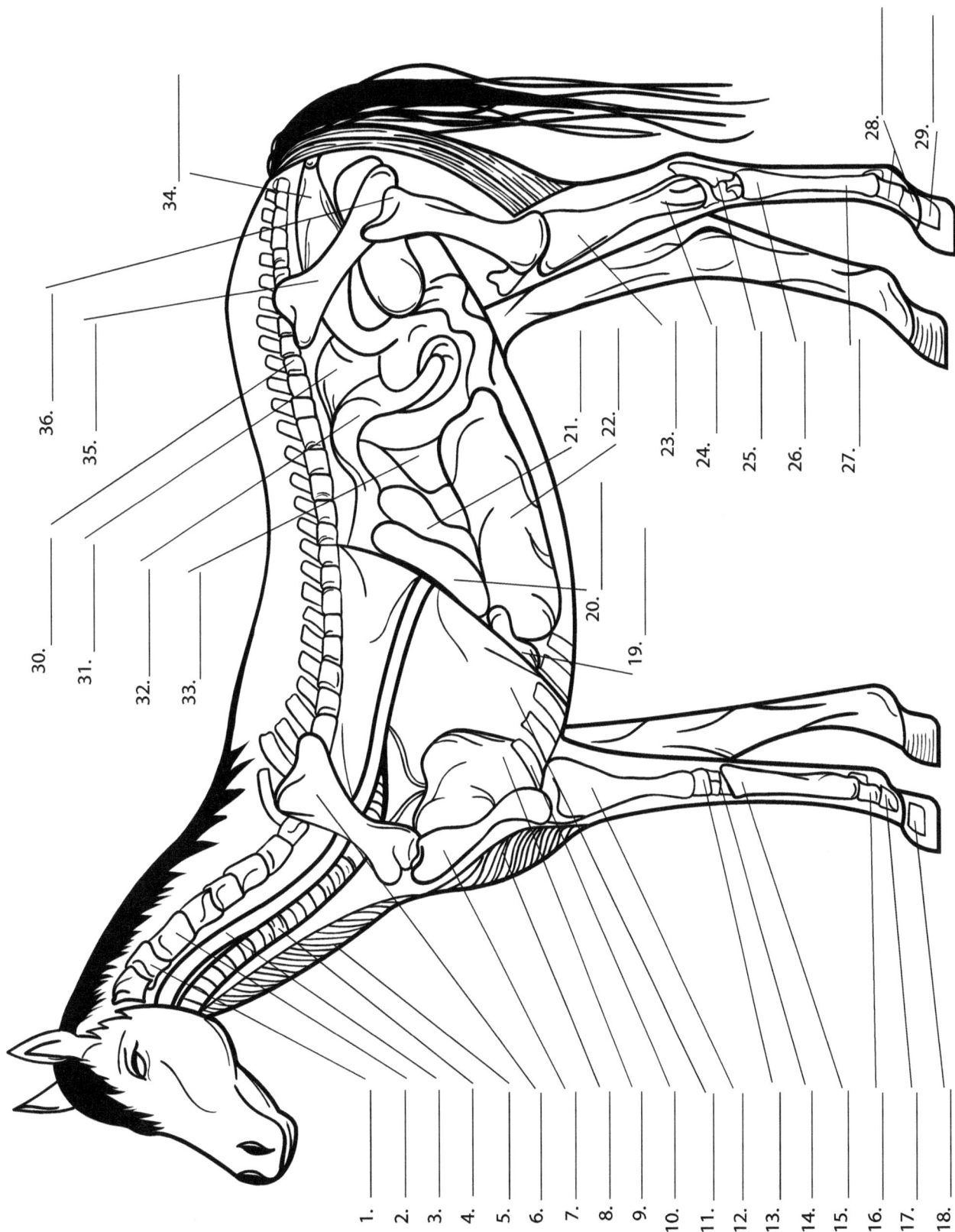

1.
2.
3.
4.
5.
6.
7.
8.
9.
10.
11.
12.
13.
14.
15.
16.
17.
18.
19.
20.
21.
22.
23.
24.
25.
26.
27.
28.
29.
30.
31.
32.
33.
34.
35.
36.

EQUUS – EL CABALLO

1. Atlas
2. Axis
3. Esófago
4. Tráquea
5. Músculo esternocefálico
6. Escápula
7. Húmero
8. Músculo superficial cranial
9. Corazón
10. Cubito
11. Pulmón
12. Radio
13. Rodilla
14. Huesos del carpo
15. Cañón
16. Hueso de cuartilla larga
17. Hueso de cuartilla corta
18. Hueso del pedal
19. Hígado
20. Bazo
21. Riñón
22. Intestino grueso
23. Tibia
24. Fíbula
25. Huesos del tarso
26. Férula de hueso
27. Hueso de cañón
28. Huesos de la cuartilla
29. Hueso del pedal
30. Vértebras
31. Ciego
32. Intestino delgado
33. Estómago
34. Recto
35. Pelvis
36. Fémur

PISCIS – EL PEZ

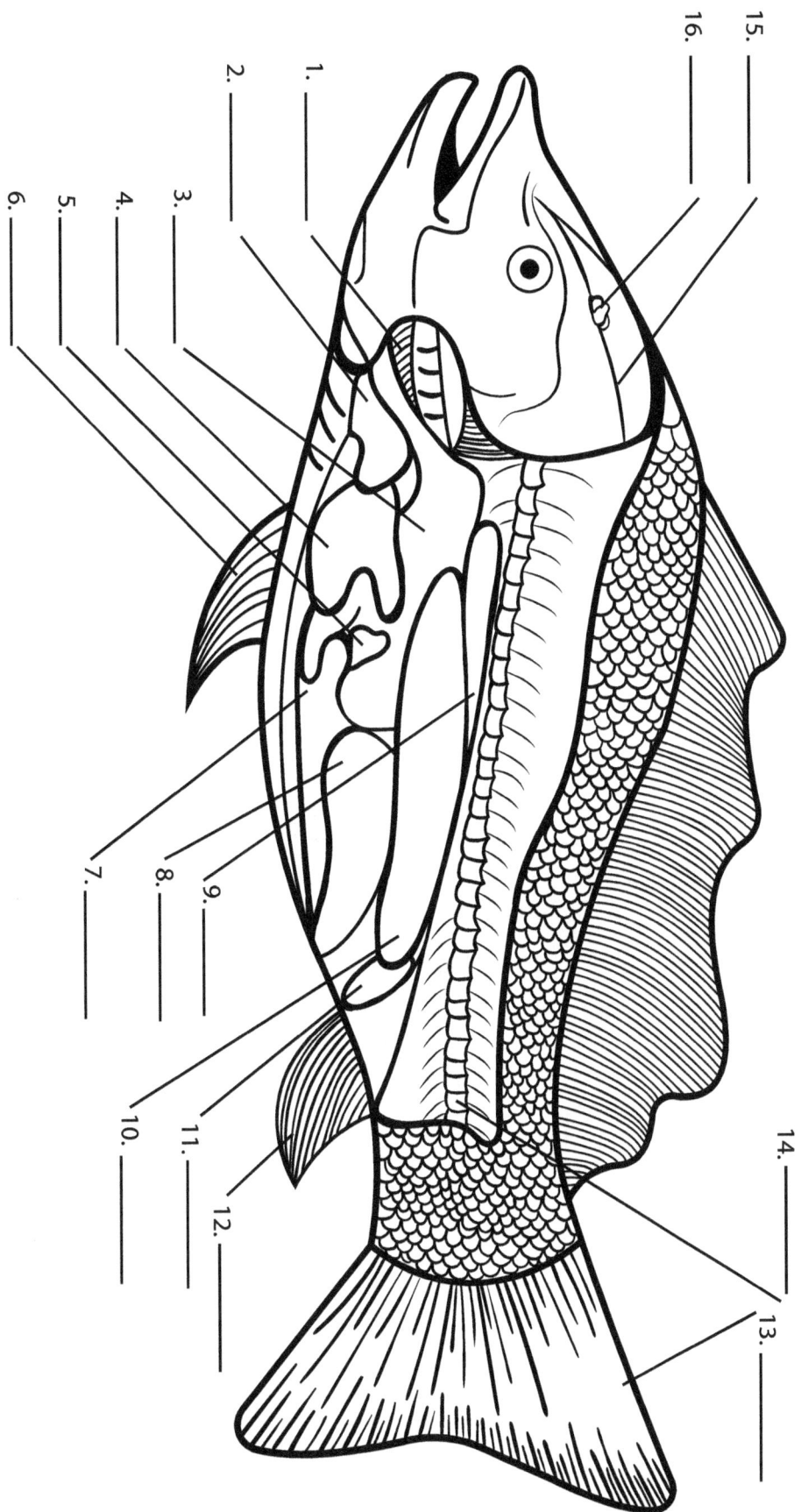

PISCIS – EL PEZ

1. Branquia

2. Corazón

3. Estómago

4. Hígado

5. Bazo

6. Aleta pélvica

7. Intestino

8. Gónada

9. Riñón

10. Vejiga natatoria

11. Vejiga urinaria

12. Aleta anal

13. Aleta de la cola

14. La columna vertebral

15. Médula espinal

16. Cerebro

PORCUS – EL PUERCO

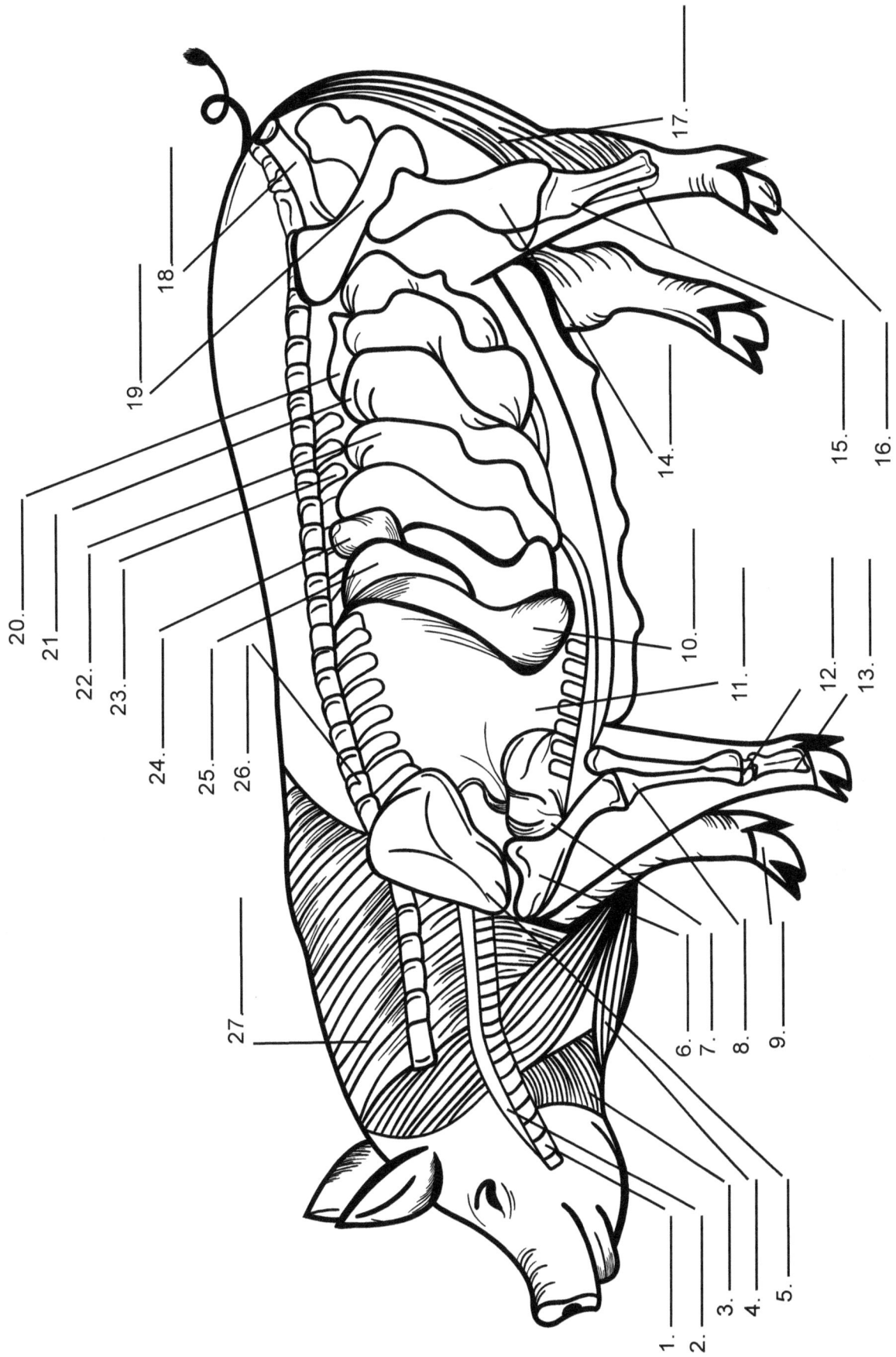

1.
2.
3.
4.
5.
6.
7.
8.
9.
10.
11.
12.
13.
14.
15.
16.
17.
18.
19.
20.
21.
22.
23.
24.
25.
26.
27.

PORCUS – EL PUERCO

1. Esófago
2. Tráquea
3. Músculo masetero
4. Músculo esternohioideo
5. Escápula
6. Húmero
7. Corazón
8. Radio y cúbito
9. Falanges
10. Hígado
11. Livianos
12. Mano
13. Metacarpo
14. Peroné y Tibia
15. Tarso
16. Falanges
17. Músculo bíceps femoral
18. Recto
19. Fémur
20. Ciego
21. Intestino grueso
22. Intestino delgado
23. Costillas
24. Bazo
25. Riñón
26. Vértebras
27. Músculo trapecio

PULLUM – EL POLLO

1.
2.
3.
4.
5.
6.
7.
8.
9.
10.
11.
12.
25.
24.
23.
22.
21.
20.
19.
18.
17.
16.
15.
14.
13.

PULLUM – EL POLLO

1. Fosa nasal
2. Laringe
3. Tráquea
4. Esófago
5. Cosecha
6. Corazón
7. Vesícula biliar
8. Proventrículo
9. Bazo
10. Hígado
11. Molleja
12. Garra
13. Páncreas
14. Bucle duoneal
15. Intestino delgado
16. Caeca
17. Intestino grueso
18. Cloaca
19. Oviducto
20. Ovario
21. Riñón
22. Livianos
23. Tubos bronquiales
24. Columna vertebral
25. Cerebro

BOS TAURUS – LA VACA

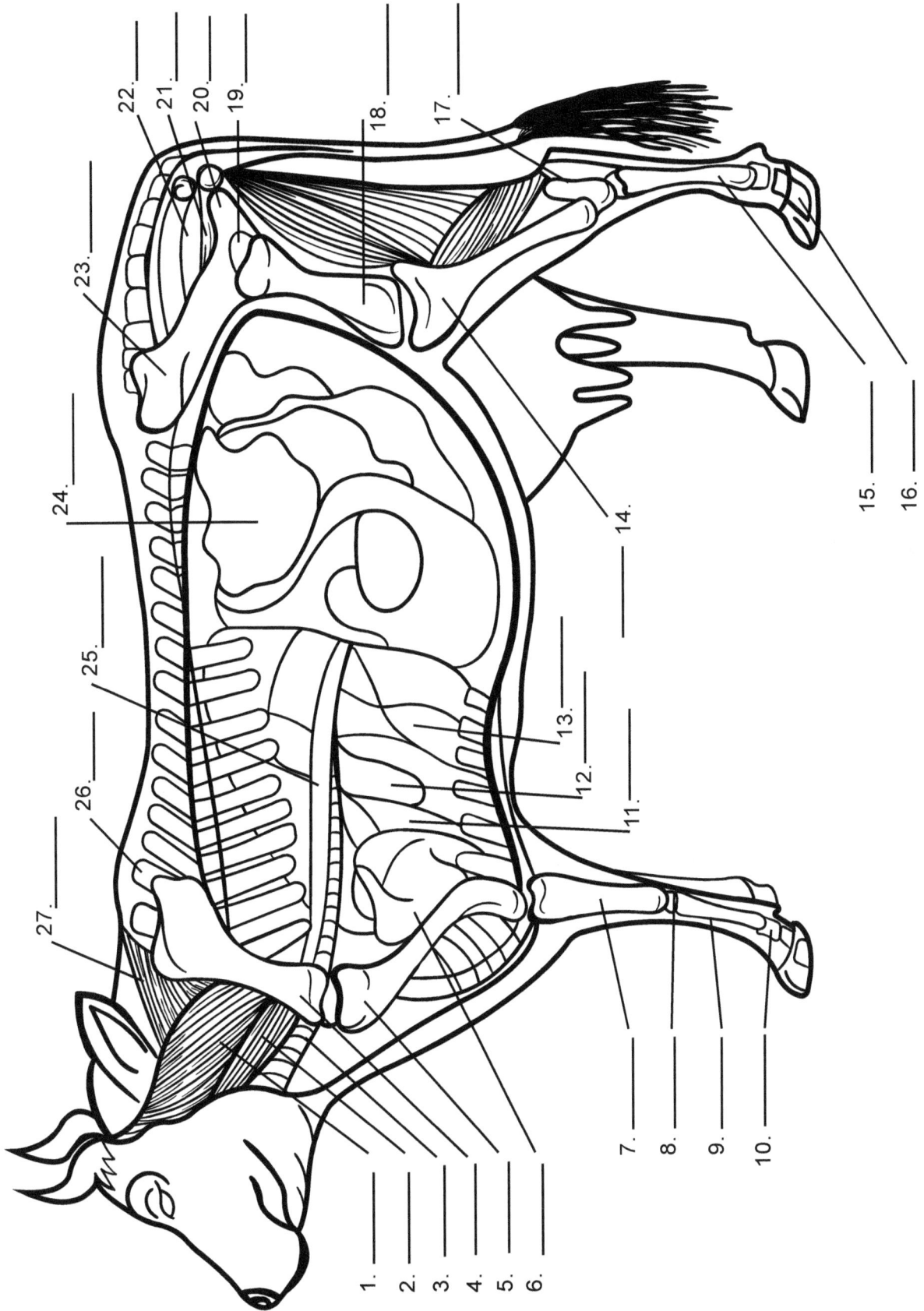

BOS TAURUS – LA VACA

1. Músculo braquiocefálico
2. Músculo esternocefálico
3. Tráquea
4. Escápula
5. Húmero
6. Corazón
7. Radio y cúbito
8. Articulación del carpo
9. Metacarpo
10. Junta de metacarpo
11. Hígado
12. Bazo
13. Omasum
14. Tibia y peroné
15. Metatarso
16. Conjunto de ataúd
17. Articulación tarsal
18. Fémur
19. Articulación de cadera
20. Isquion
21. Vagina
22. Recto
23. Illium
24. Panza
25. Esófago
26. Costillas
27. Trapecio

TESTUDO – LA CAGUAMA

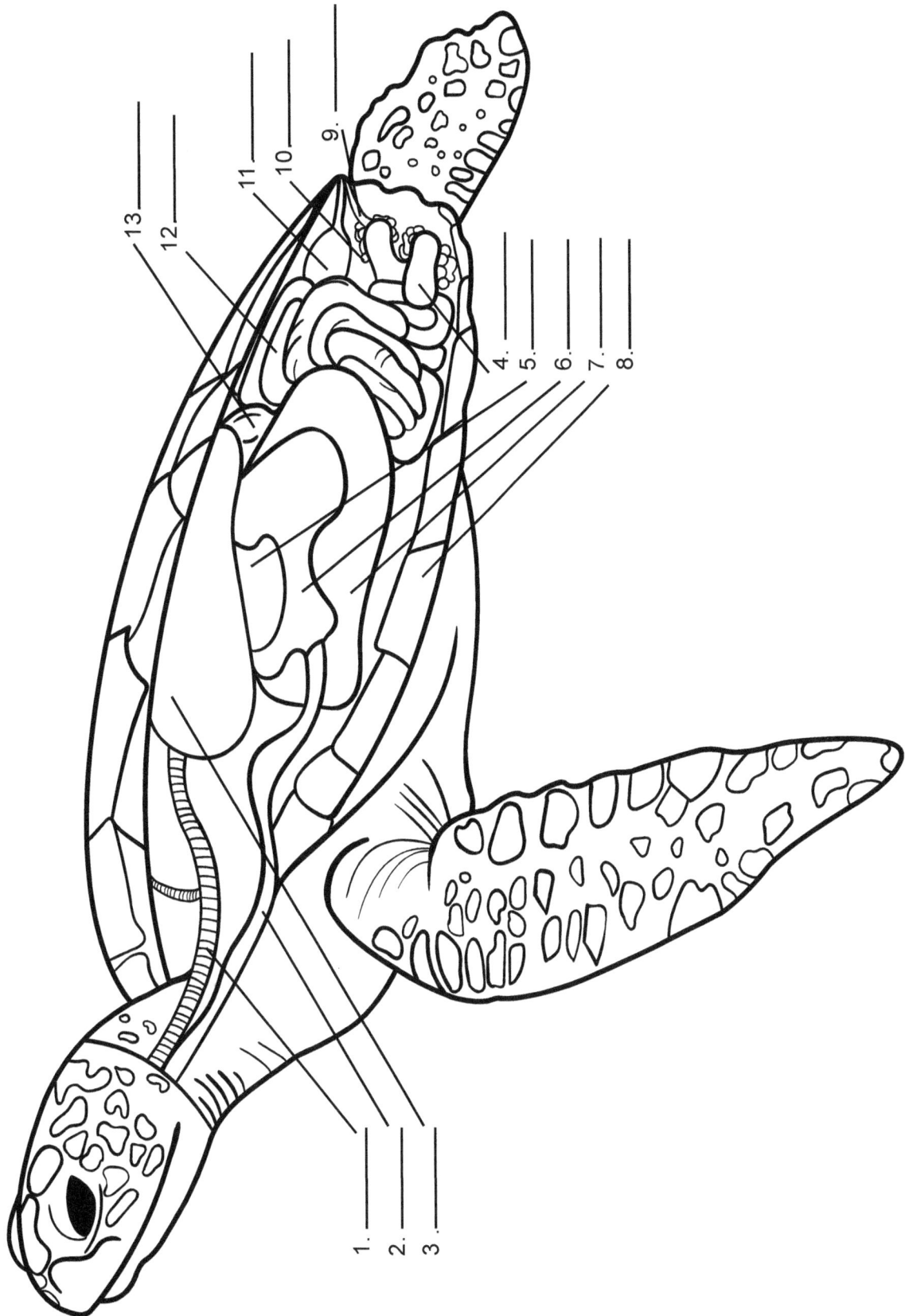

TESTUDO – LA CAGUAMA

1. Tráquea
2. Esófago
3. Pulmón
4. Riñón
5. Corazón
6. Estómago
7. Hígado
8. Concha marginal
9. Oviducto
10. Ovario
11. Cloaca
12. Intestinos
13. Páncreas

SELACHIMORPHA – EL TIBURÓN

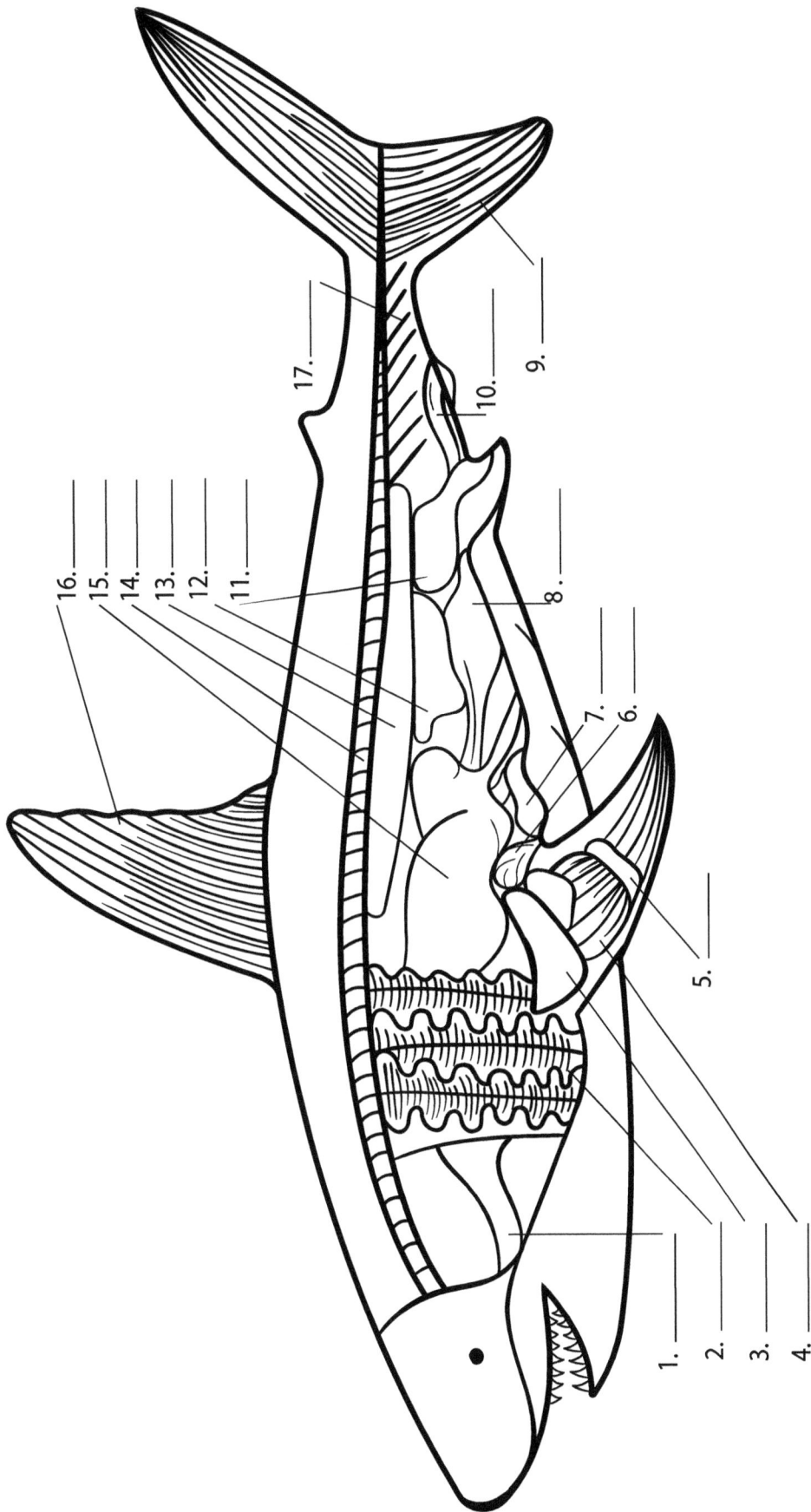

1.

2.

3.

4.

5.

6.

7.

8.

9.

10.

11.

12.

13.

14.

15.

16.

17.

SELACHIMORPHA – EL TIBURÓN

1.   Esófago

2.   Branquias

3.   Cartílago

4.   Cartílago de aleta

5.   Soporte de aleta pectoral

6.   Corazón

7.   Bazo

8.   Útero

9.   Aleta caudal

10. Cloaca

11. Intestino

12. Riñón

13. Hígado

14. Vértebras

15. Estómago

16. Aleta dorsal

FELIS CATUS – EL GATO DOMÉSTICO

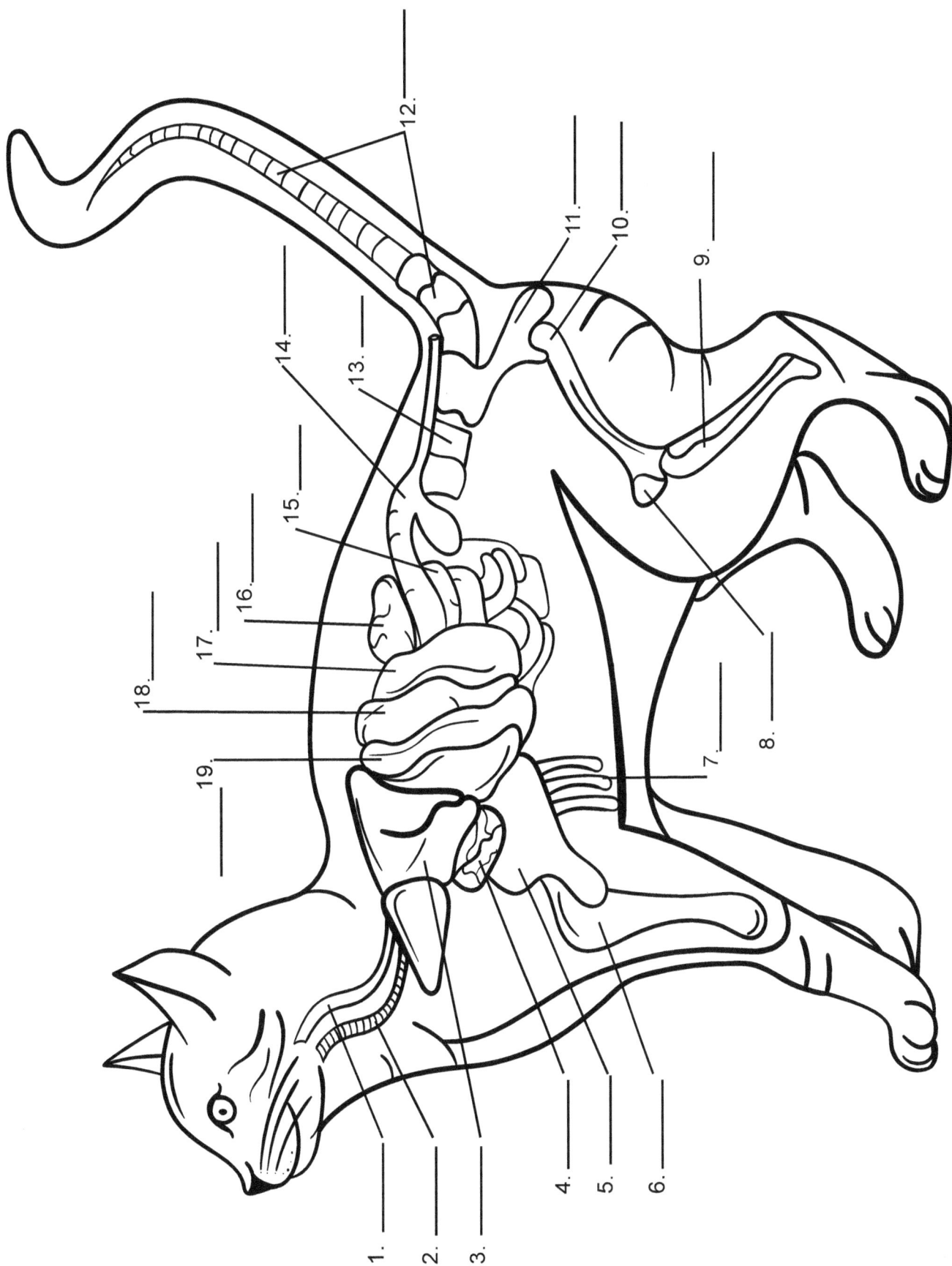

FELIS CATUS – EL GATO DOMÉSTICO

1. Tráquea

2. Esófago

3. Livianos

4. Corazón

5. Escápula

6. Húmero

7. Costillas

8. Rótula

9. Tibia y peroné

10. Fémur

11. Pelvis

12. Vértebras coccígeas

13. Vértebra lumbar

14. Colon

15. Intestino

16. Riñón

17. Bazo

18. Estómago

19. Hígado

CANIS LUPUS FAMILIARIS – EL PERRO DOMÉSTICO

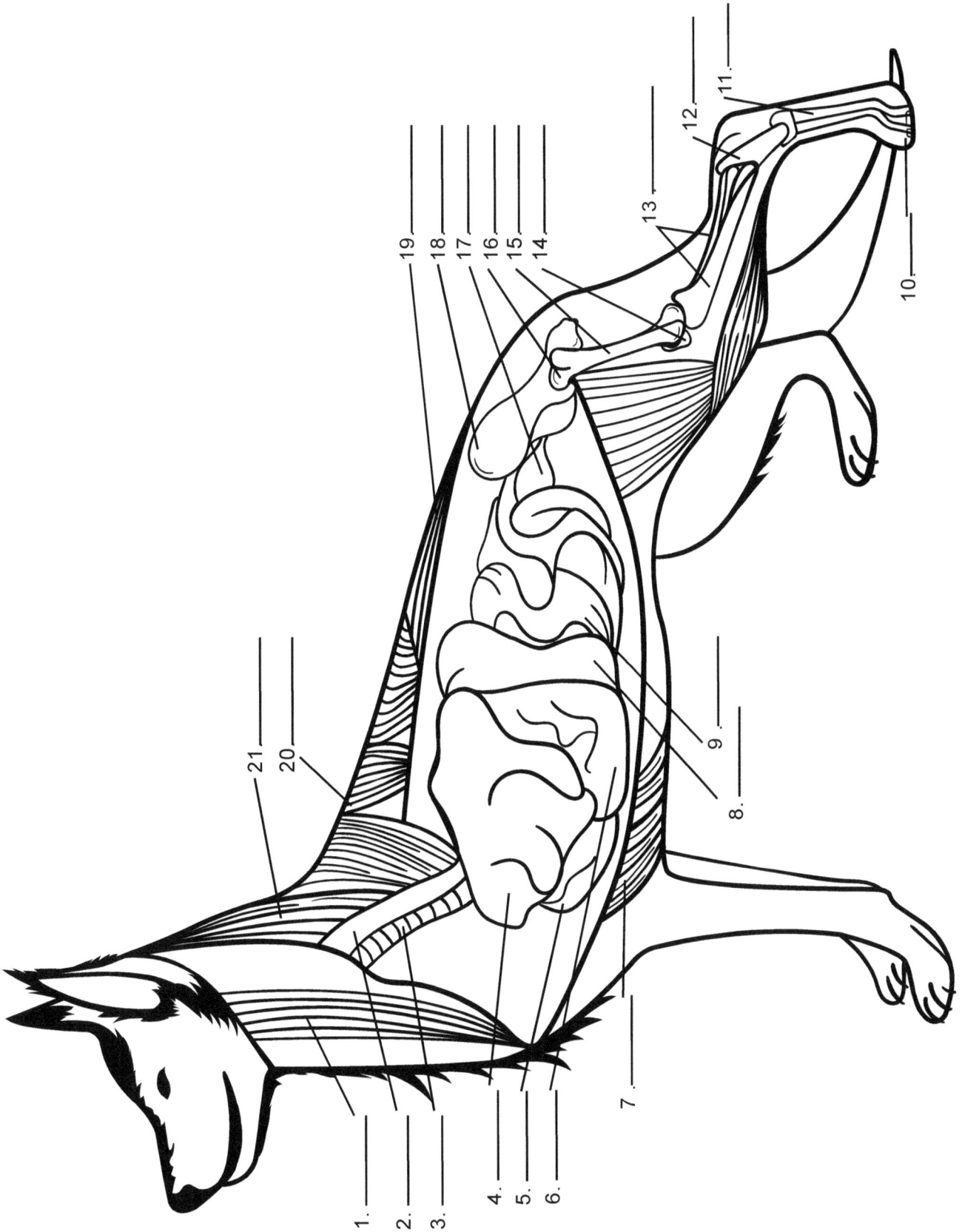

CANIS LUPUS FAMILIARIS – EL PERRO DOMÉSTICO

1. Esternomastoideo
2. Esófago
3. Tráquea
4. Livianos
5. Corazón
6. Hígado
7. Pectoral profundo
8. Estómago
9. Intestino
10. Falanges
11. Huesos metatarsianos
12. Corvejón
13. Tibia y peroné
14. Rótula
15. Fémur
16. Articulación de cadera
17. Riñón
18. Pelvis
19. Músculo longissimus e iliocostalis
20. Trapecio
21. Músculo cleidocervicalis

CROCODILI – EL COCODRILO

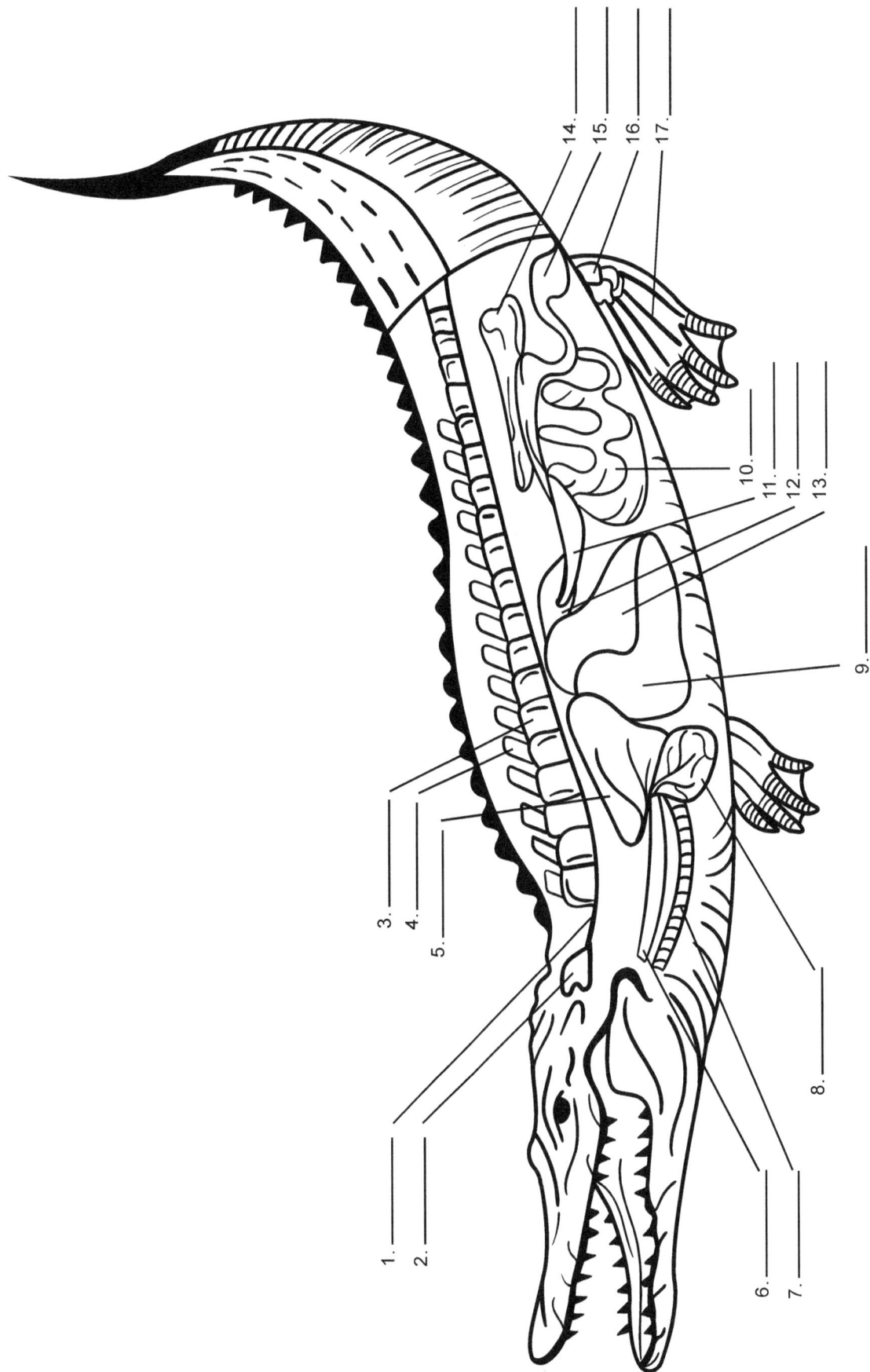

CROCODILI – EL COCODRILO

1. Médula espinal
2. Cerebelo
3. Vértebras
4. Costillas
5. Pulmón
6. Esófago
7. Tráquea
8. Corazón
9. Hígado
10. Intestino
11. Testículo
12. Bazo
13. Estómago
14. Riñón
15. Cloaca
16. Tarso
17. Metatarso

LEPUS – EL CONEJO

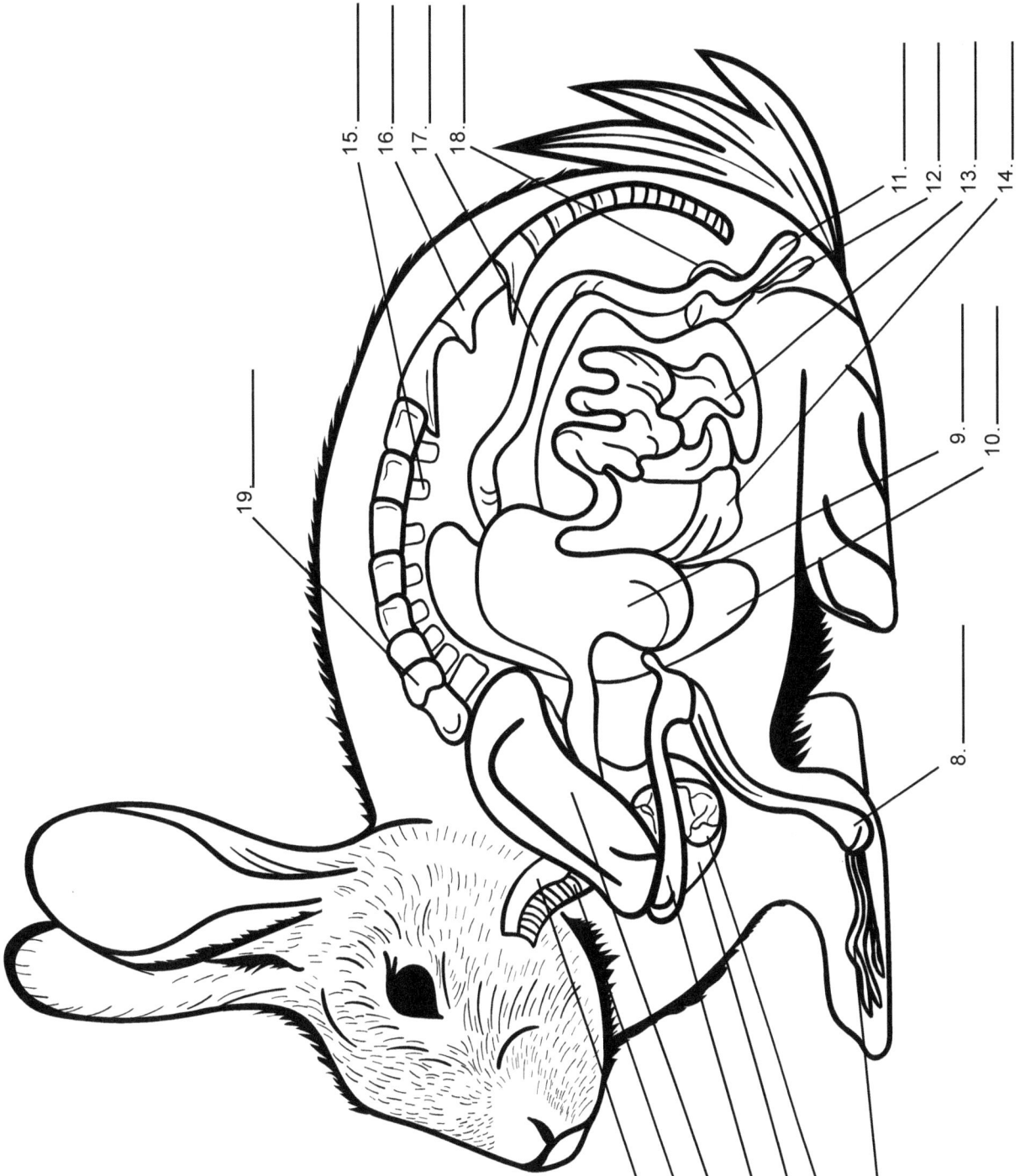

1.
2.
3.
4.
5.
6.
7.
8.
9.
10.
11.
12.
13.
14.
15.
16.
17.
18.
19.

LEPUS – EL CONEJO

1. Esófago
2. Tráquea
3. Escápula
4. Húmero
5. Pulmón
6. Corazón
7. Falanges
8. Radio y cúbito
9. Estómago
10. Hígado
11. Recto
12. Uretra
13. Intestino grueso
14. Apéndice
15. Costillas
16. Columna vertebral
17. Intestino delgado
18. Vejiga
19. Vértebras

COLUMBÆ OFFERET – EL PICHÓN

1. _____

2. _____

3. _____

4. _____

5. _____

6. _____

7. _____

8. _____

9. _____

14. _____

13. _____

10. _____

11. _____

12. _____

COLUMBÆ OFFERET – EL PICHÓN

1. Esófago
2. Tráquea
3. Pulmón
4. Cosecha
5. Corazón
6. Molleja
7. Riñón
8. Duodeno
9. Uréter
10. Cloaca
11. Recto
12. Páncreas
13. Hígado
14. Estómago

GIRAFFA CAMELOPARDALIS – LA JIRAFA

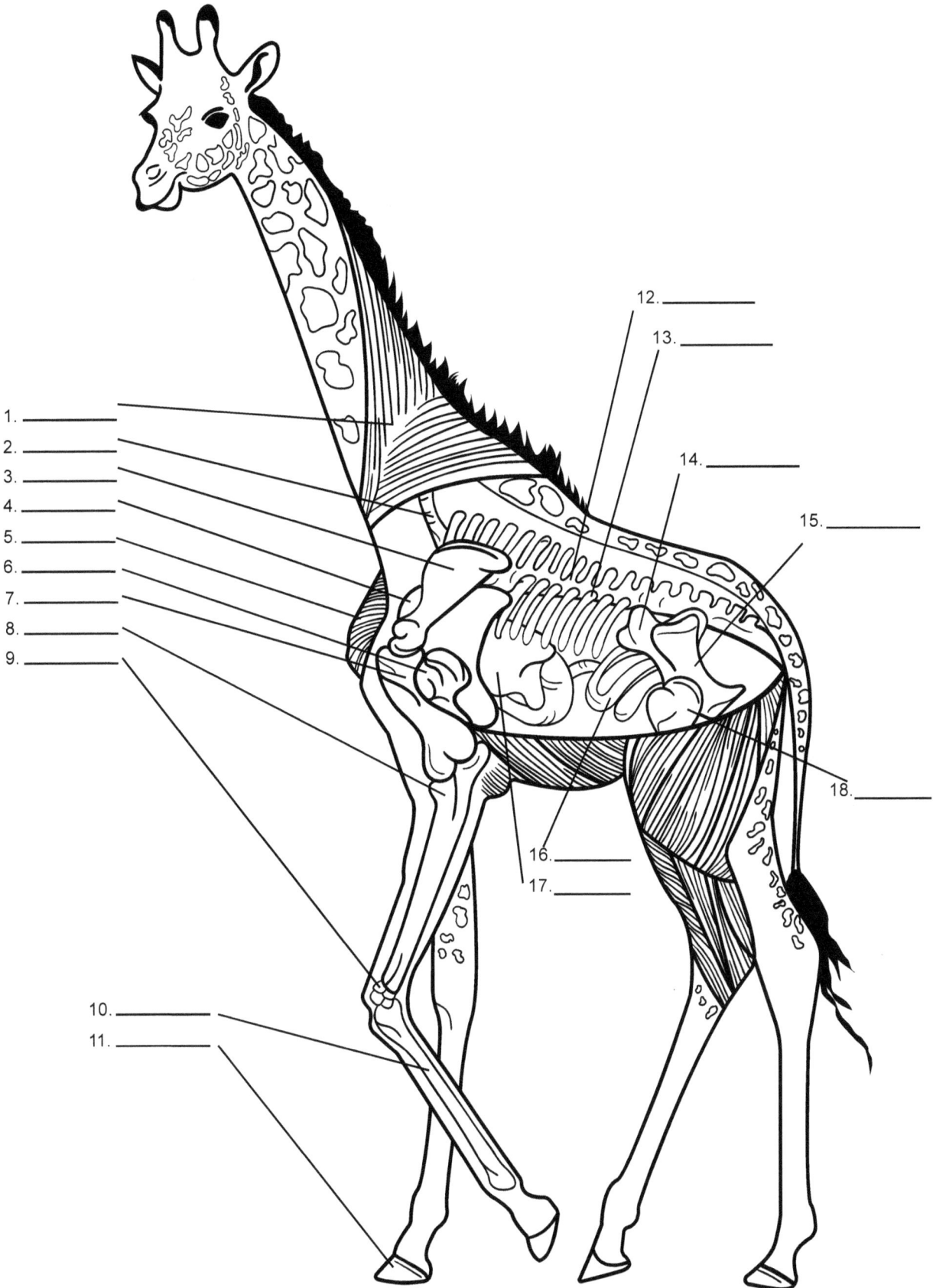

1.

2.

3.

4.

5.

6.

7.

8.

9.

10.

11.

12.

13.

14.

15.

16.

17.

18.

GIRAFFA CAMELOPARDALIS – LA JIRAFA

1. Trapecio
2. Esófago
3. Escápula
4. Pulmón
5. Tríceps
6. Corazón
7. Húmero
8. Cubito
9. Articulaciones del carpo
10. Metacarpo
11. Falanges
12. Vértebras
13. Costillas
14. Pelvis de ossa
15. Tibia
16. Intestino
17. Estómago
18. Rótula

ELEPHANTUS – EL ELEFANTE

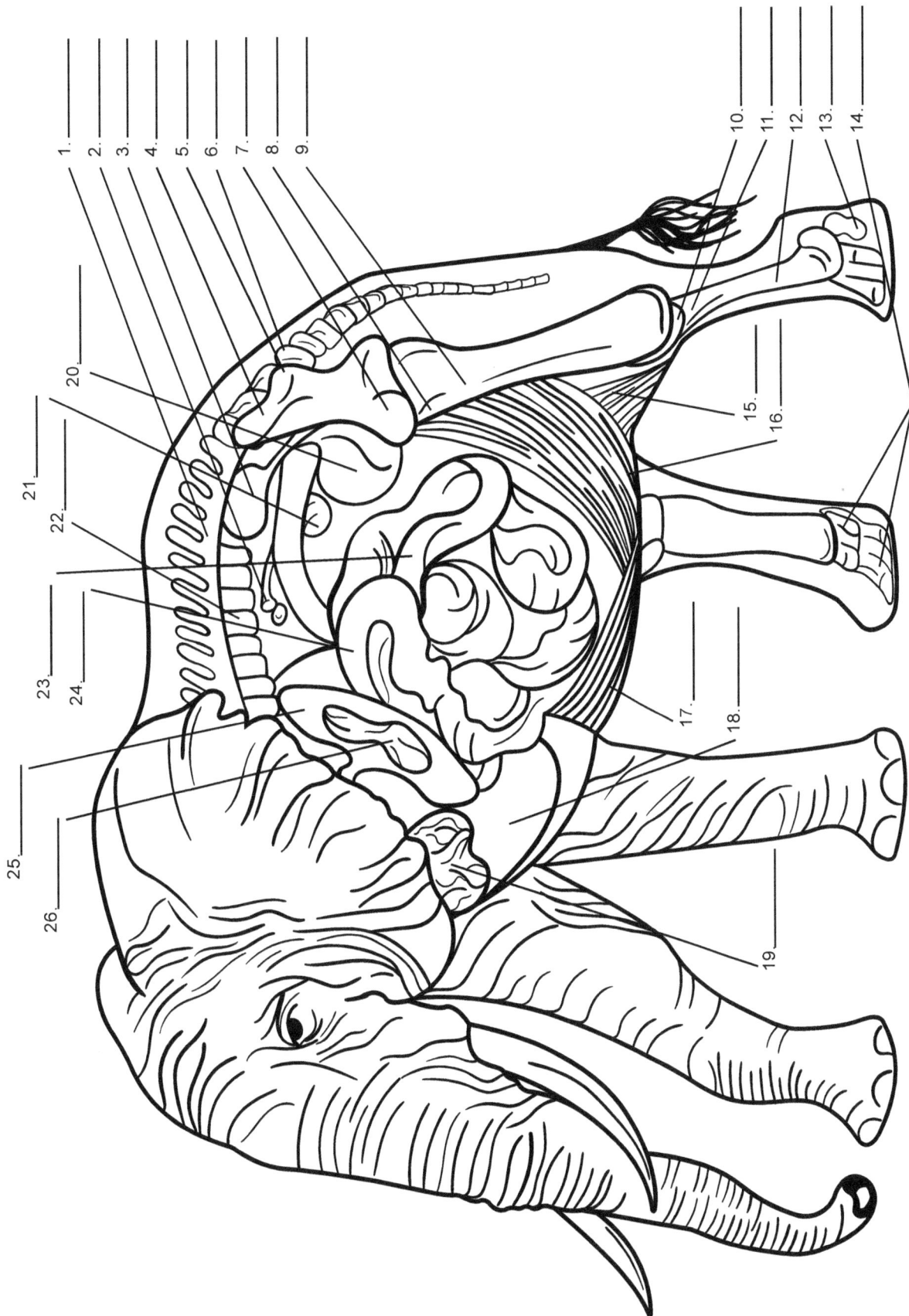

ELEPHANTUS – EL ELEFANTE

1. Vértebras
2. Ovario
3. Riñón
4. Cresta
5. Illium
6. Sacro
7. Pelvis
8. Articulación de cadera
9. Fémur
10. Rótula
11. Tuberositas tibiae
12. Tibia y peroné
13. Calcáneo
14. Carpianos y metacarpianos y falanges
15. Vasto lateralis
16. Oblicuos abdominales externos
17. Pectoral
18. Pulmón
19. Corazón
20. Vejiga urinaria
21. Útero
22. Costillas
23. Intestino grueso
24. Intestino delgado
25. Estómago
26. Bazo

SCRUTANTEM DELPHINA UIDENT – EL DELFÍN

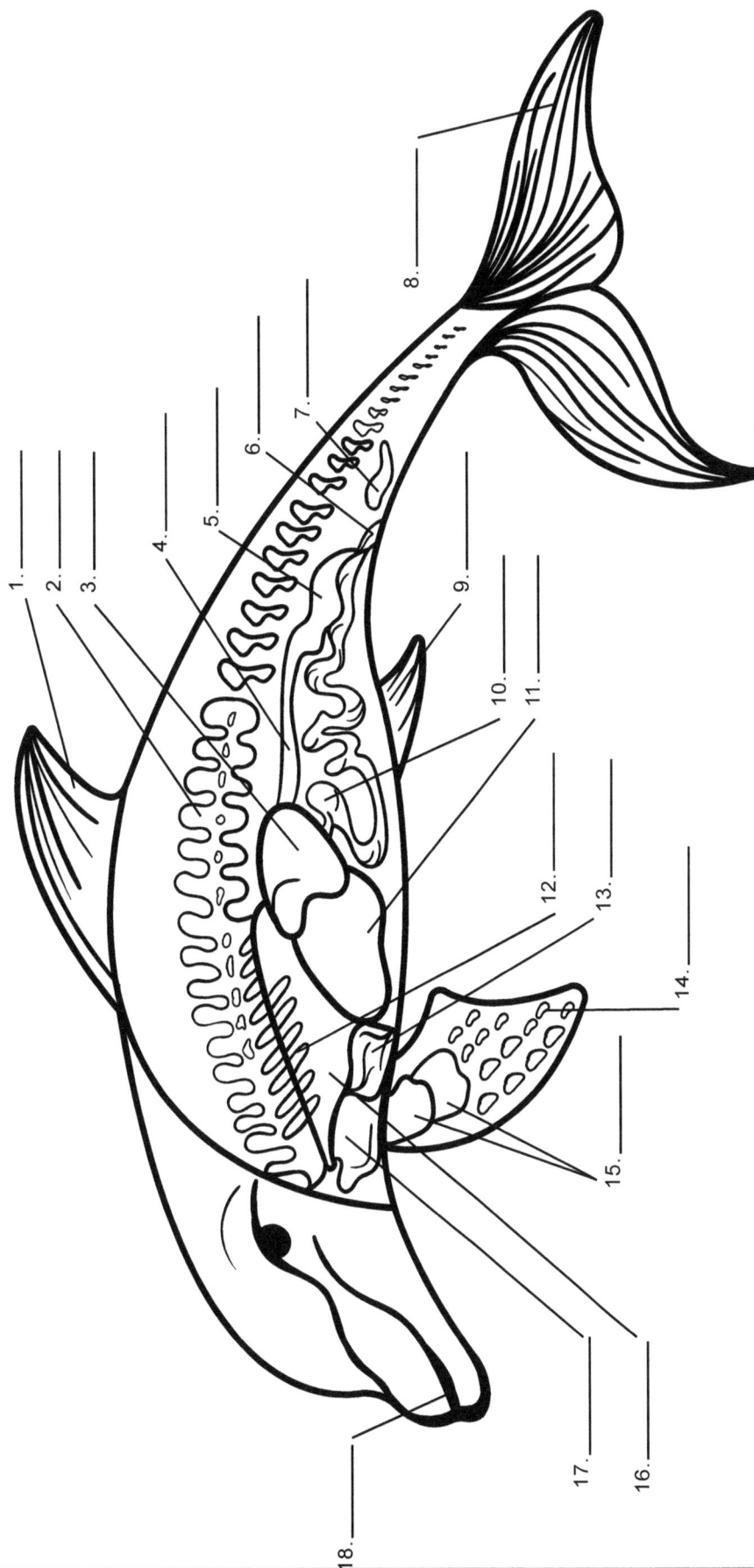

SCRUTANTEM DELPHINA UIDENT – EL DELFÍN

1. Aleta dorsal

2. Columna espinal

3. Estómago

4. Riñón

5. Ano

6. Hendidura urogenital

7. Pelvis

8. Casualidad

9. Aleta

10. Intestino

11. Hígado

12. Costilla

13. Corazón

14. Aleta pectoral

15. Húmero y radio

16. Pulmón

17. Escápula

18. Tribuna

OVIUM – LA OVEJA

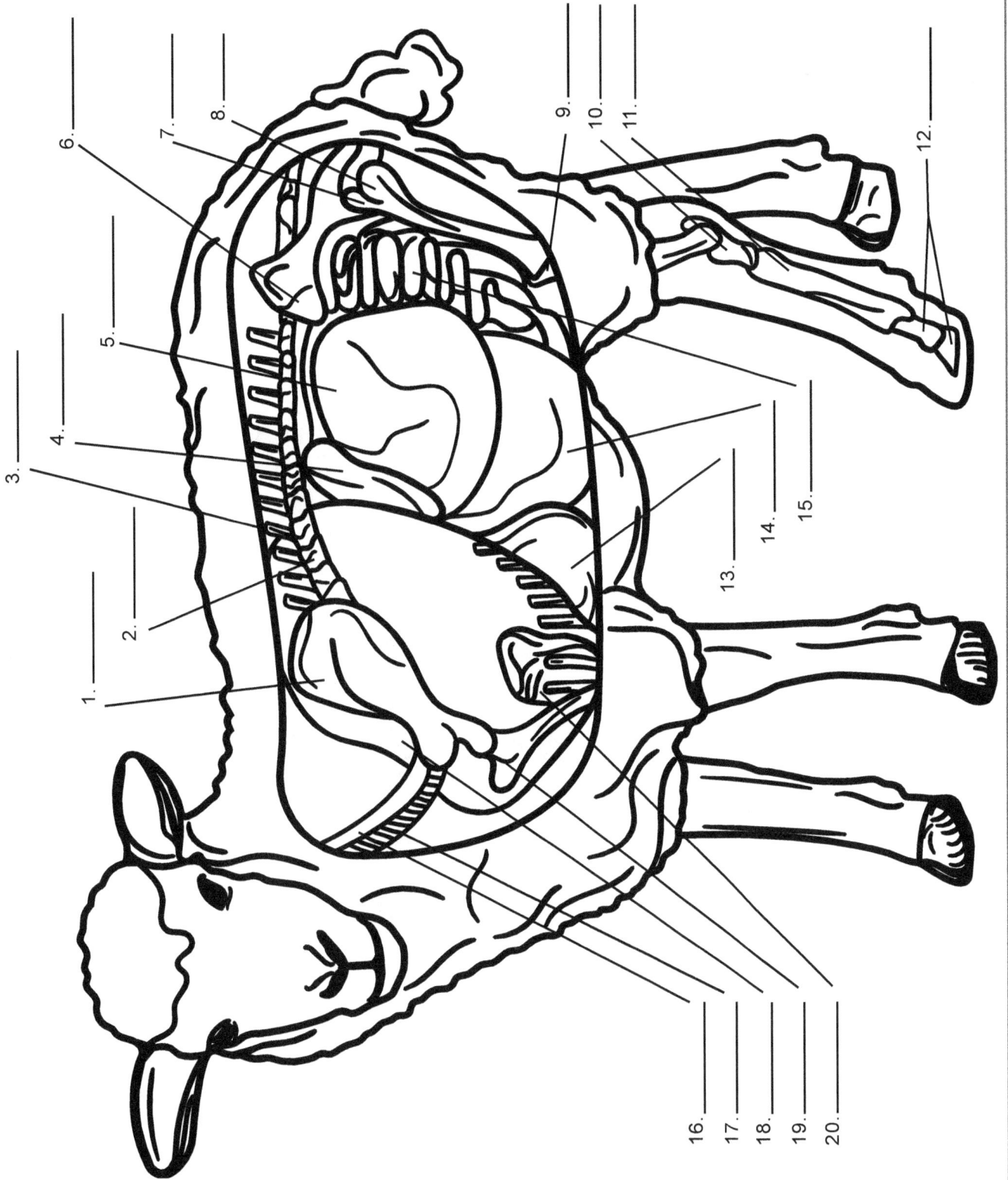

OVIUM – LA OVEJA

1. Escápula
2. La columna vertebral
3. Costillas
4. Bazo
5. Saco dorsal del rumen
6. Articulación sacroilíaca
7. Articulación de cadera
8. Fémur
9. Rótula
10. Huesos del tarso
11. Huesos metatarsianos
12. Falanges
13. Abomaso
14. Saco ventral del rumen
15. Intestinos
16. Esófago
17. Tráquea
18. Pulmón
19. Húmero
20. Corazón

CAPRA – LA CABRA

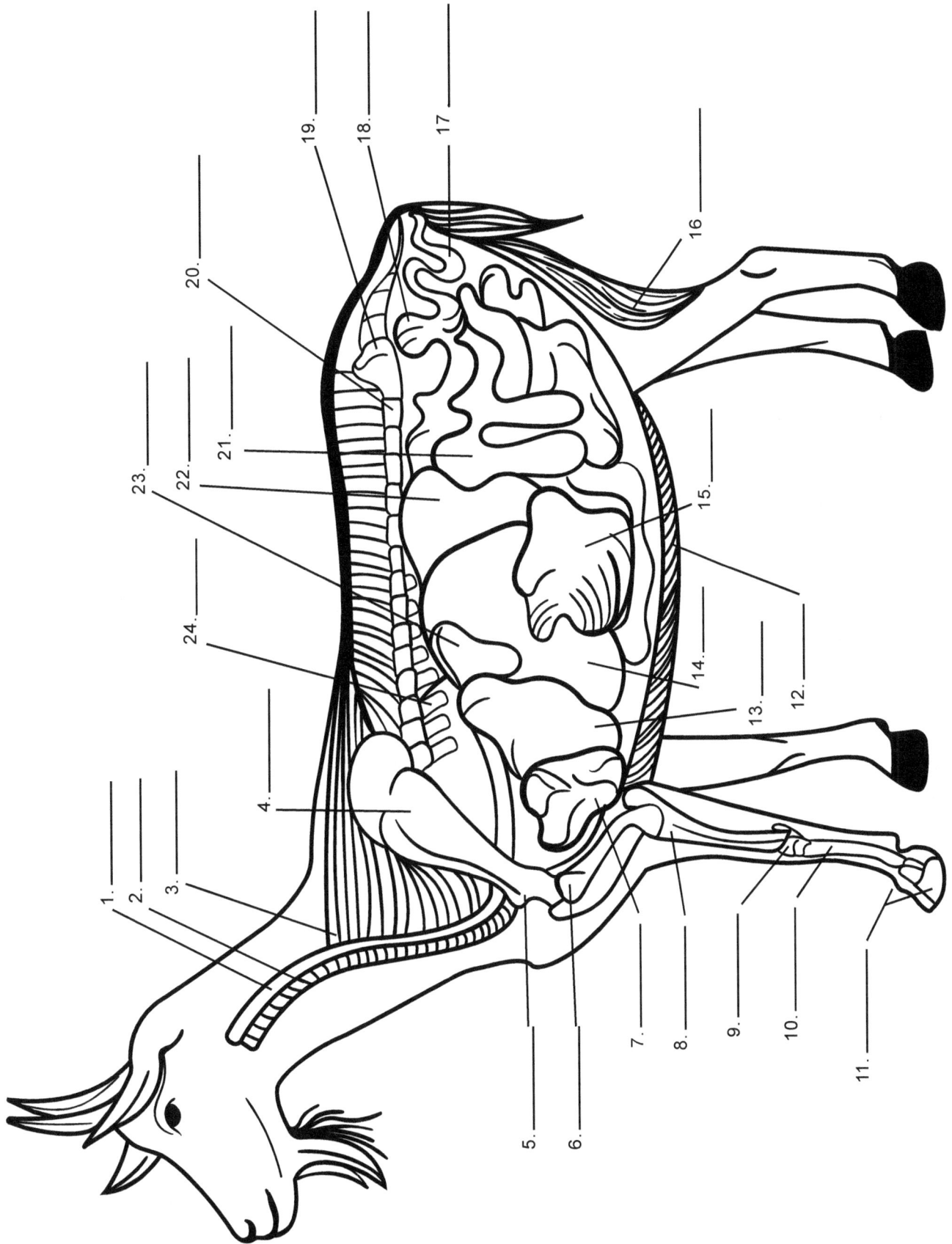

CAPRA – LA CABRA

1. Esófago
2. Tráquea
3. Músculo trapecio
4. Escápula
5. Acromion
6. Húmero
7. Corazón
8. Radio y cúbito
9. Huesos del carpo
10. Metacarpianos
11. Huesos de dígitos
12. Músculo pectoral ascendente
13. Retículo
14. Abomaso
15. Saco ventral del rumen
16. Peroneo largo
17. Recto
18. Ciego
19. Sacro
20. Vértebras
21. Intestino
22. Saco dorsal del rumen
23. Bazo
24. Costillas

MUS – LA RATA

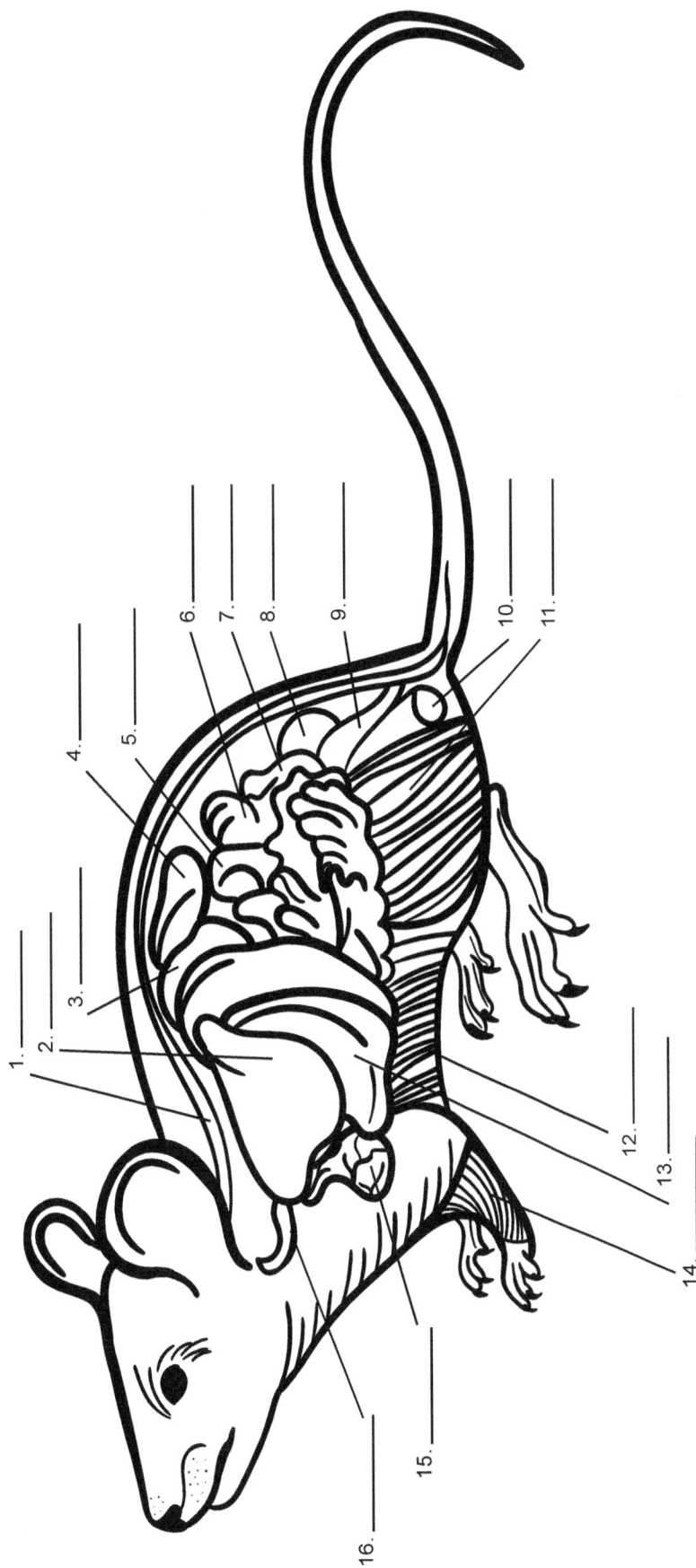

1.

2.

3.

4.

5.

6.

7.

8.

9.

10.

11.

12.

13.

14.

15.

16.

MUS – LA RATA

1. Médula espinal
2. Pulmón
3. Estómago
4. Bazo
5. Riñón
6. Intestino grueso
7. Intestino delgado
8. Intestino ciego
9. Vejiga
10. Glándula prepucial
11. Bíceps femoral
12. Oblicuo externo
13. Hígado
14. Bíceps braquial
15. Corazón
16. Tráquea

SPHENISCIDAE – EL PINGÜINO

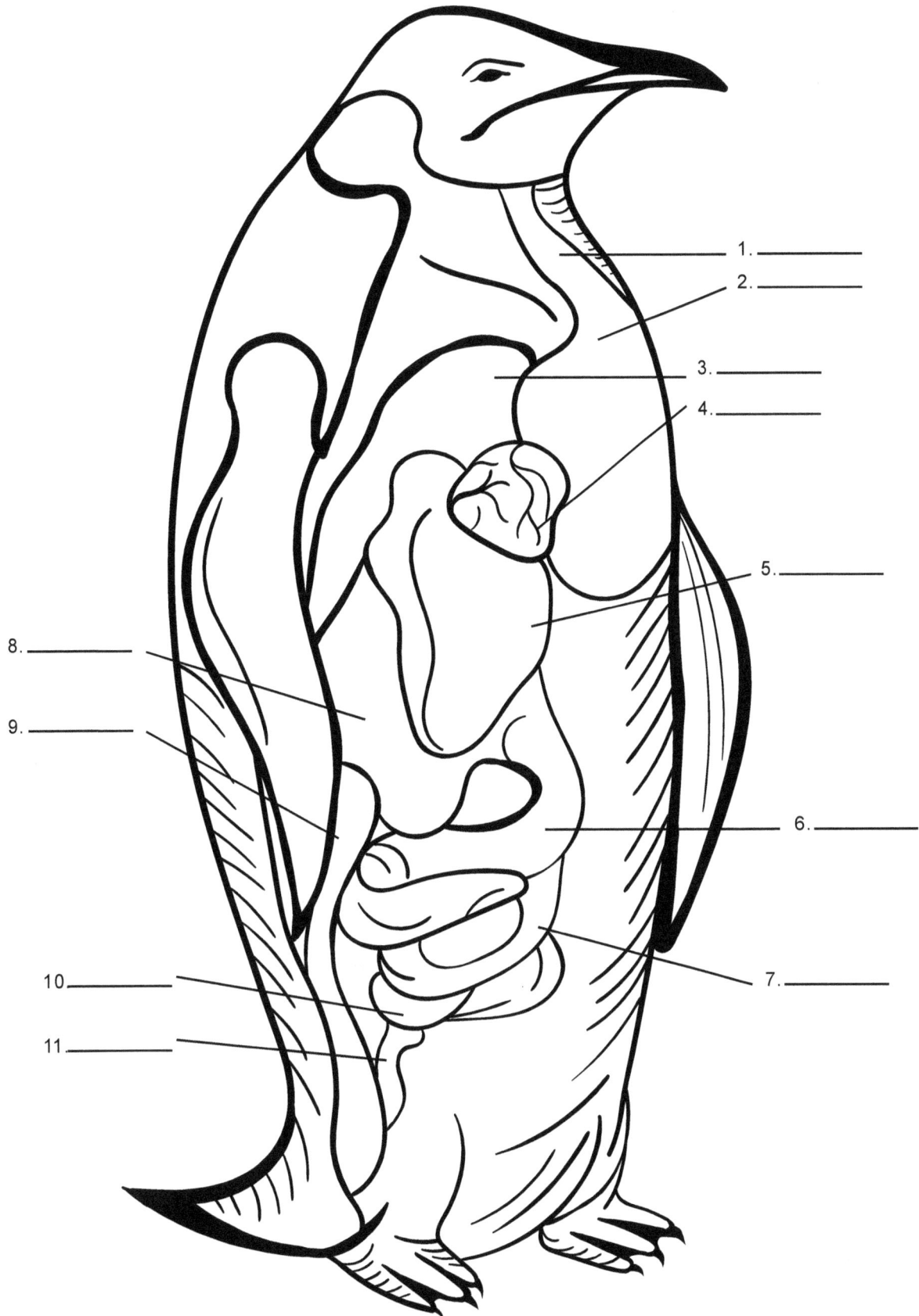

1. _____

2. _____

3. _____

4. _____

5. _____

6. _____

7. _____

8. _____

9. _____

10. _____

11. _____

SPHENISCIDAE – EL PINGÜINO

1.   Esófago

2.   Cosecha

3.   Pulmón

4.   Corazón

5.   Hígado

6.   Estómago

7.   Intestino delgado

8.   Molleja

9.   Riñón

10.   Cloaca

11.   Recto

SIGILLUM – LA FOCA

SIGILLUM – LA FOCA

1. Esófago
2. Tráquea
3. Pulmón
4. Estómago
5. Riñón
6. Intestino grueso
7. Pelvis
8. Vejiga
9. Ano
10. Músculo nadador
11. Intestino delgado
12. Hígado
13. Corazón

RANAE – LA RANA

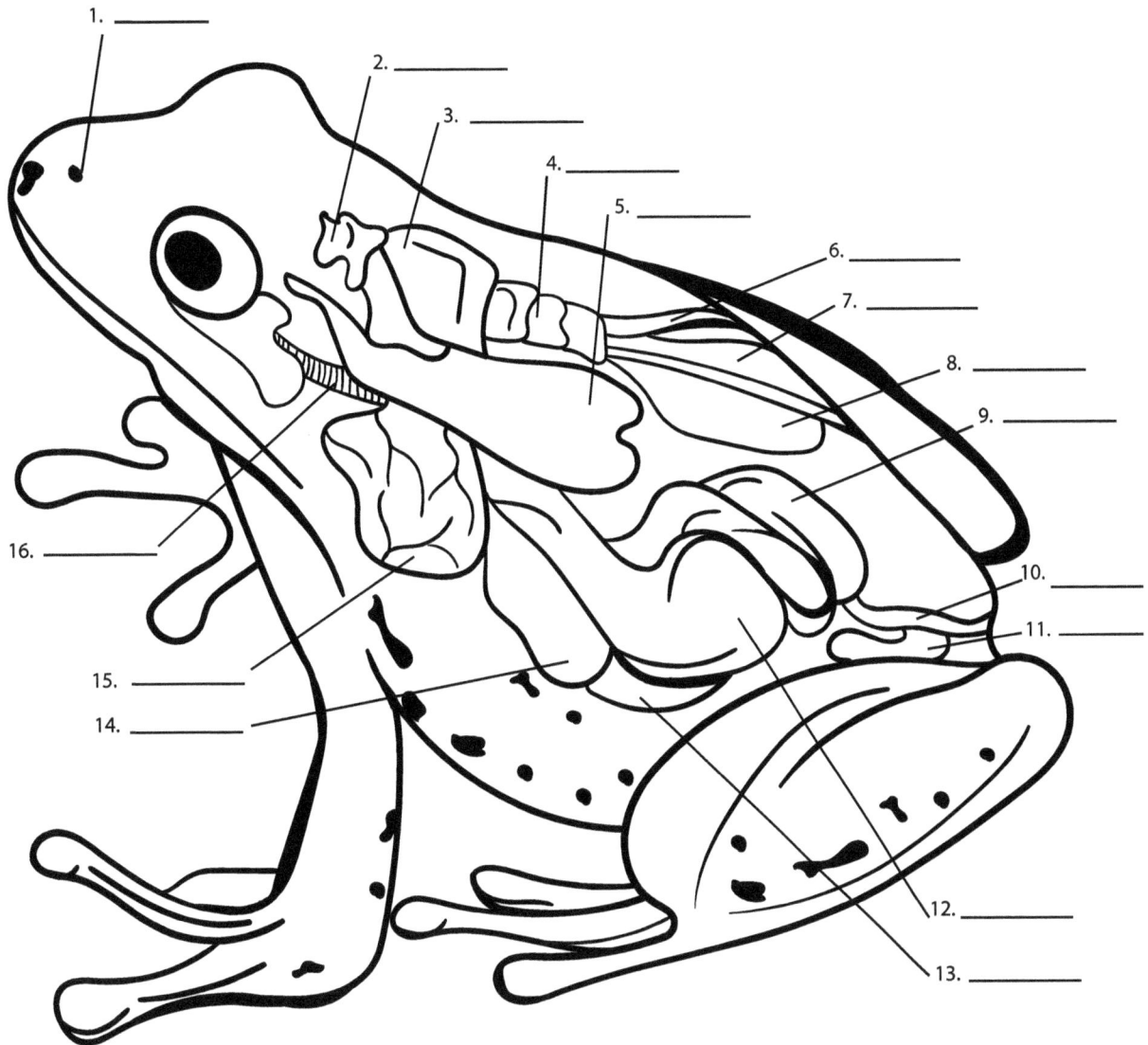

1. _____
2. _____
3. _____
4. _____
5. _____
6. _____
7. _____
8. _____
9. _____
10. _____
11. _____
12. _____
13. _____
14. _____
15. _____
16. _____

RANAE – LA RANA

1.   Narinas externas

2.   Atlas

3.   Escápula

4.   Vértebras

5.   Pulmón

6.   Urostyle

7.   Sacro

8.   Riñón

9.   Intestino

10.   Cloaca

11.   Vejiga

12.   Estómago

13.   Páncreas

14.   Hígado

15.   Corazón

16.   Tráquea

ANGUIS – LA SERPIENTE

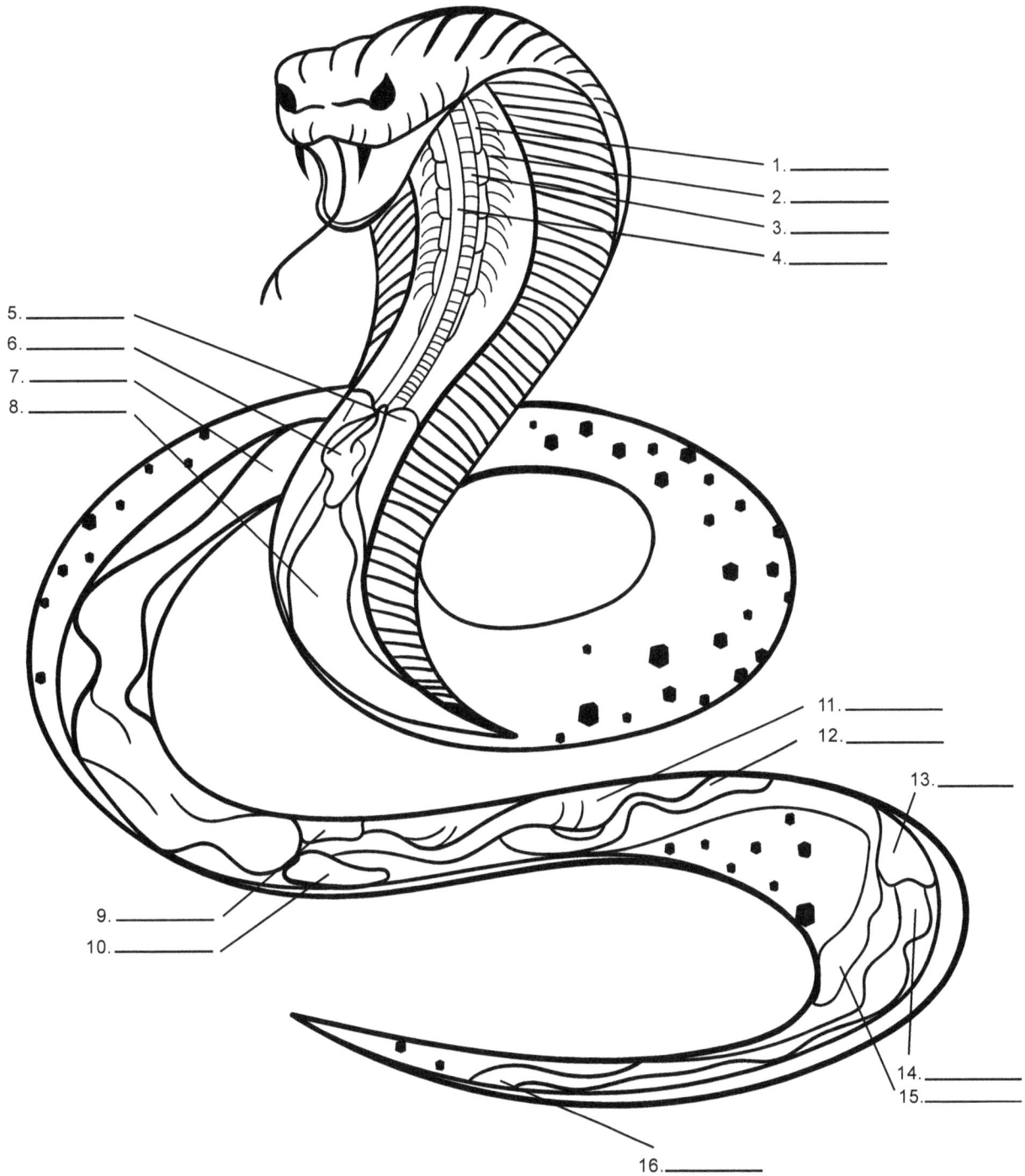

1. _____
2. _____
3. _____
4. _____

5. _____
6. _____
7. _____
8. _____

9. _____
10. _____

11. _____
12. _____
13. _____

14. _____
15. _____

16. _____

ANGUIS – LA SERPIENTE

1. Vértebras
2. Costillas
3. Tráquea
4. Esófago
5. Livianos
6. Corazón
7. Estómago
8. Hígado
9. Páncreas
10. Vesícula biliar
11. Intestino grueso
12. Intestino delgado
13. Riñón
14. Recto
15. Testículos
16. Cloaca

URSA – EL OSO

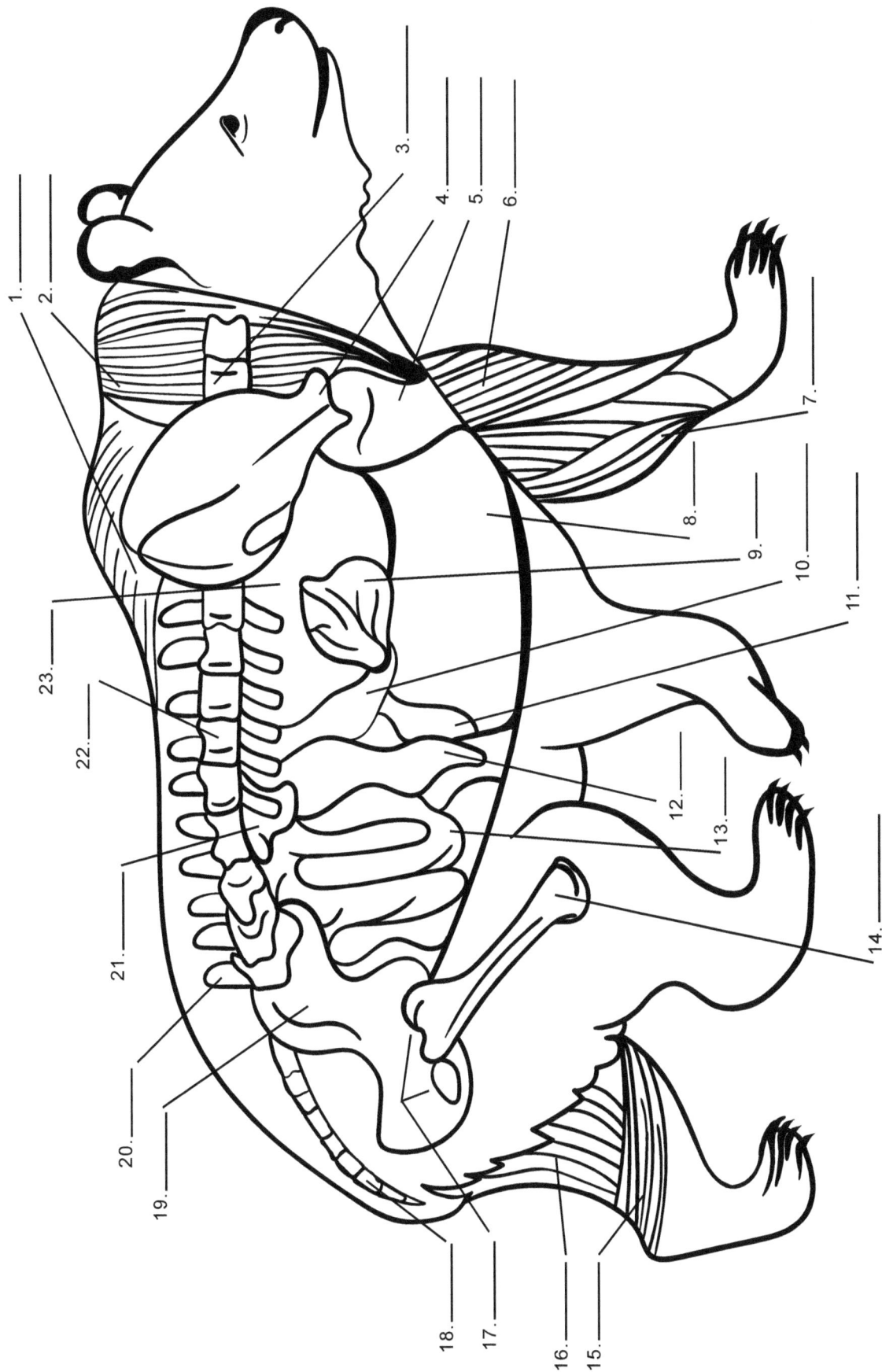

URSA – EL OSO

1. Trapecio
2. Cefalohumeral
3. Vertebra cervical
4. Escápula
5. Húmero
6. Extensor radial del carpo
7. Flexor cubital del carpo
8. Estómago
9. Corazón
10. Hígado
11. Bazo
12. Diafragma
13. Intestino
14. Fémur
15. Gastrocnemio
16. Glúteo medio
17. Pelvis e isquion
18. Vértebras caudal
19. Illium
20. Costillas
21. Riñón
22. Vertebra torácica
23. Pulmón

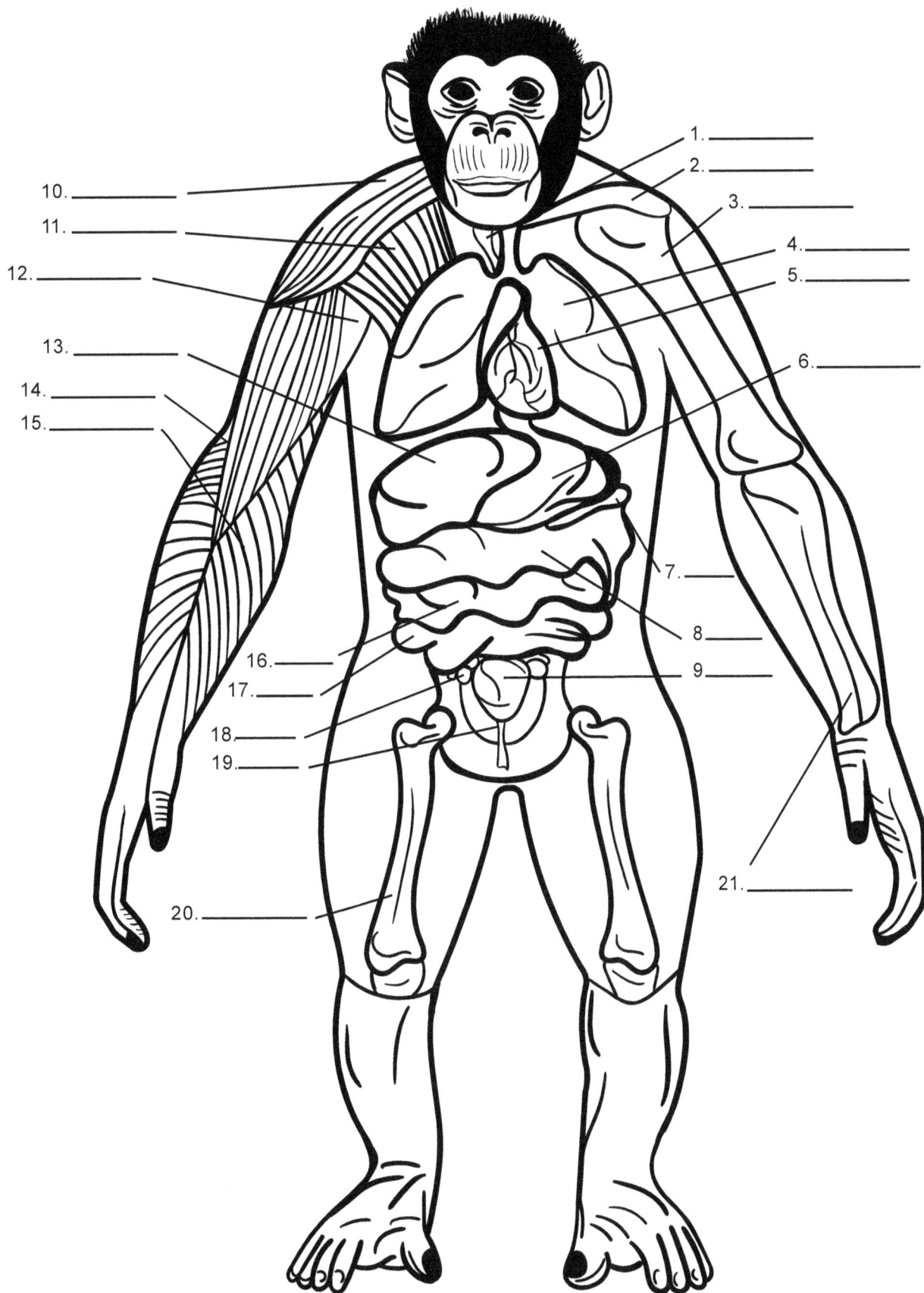

SIMIA – EL MONO

1. _____

2. _____

3. _____

4. _____

5. _____

6. _____

7. _____

8. _____

9. _____

10. _____

11. _____

12. _____

13. _____

14. _____

15. _____

16. _____

17. _____

18. _____

19. _____

20. _____

21. _____

SIMIA – EL MONO

1. Esófago
2. Clavícula
3. Húmero
4. Livianos
5. Corazón
6. Estómago
7. Bazo
8. Intestino grueso
9. Vejiga
10. Deltoides
11. Pectorales
12. Flexores de brazo
13. Hígado
14. Músculos extensores
15. Músculo flexores
16. Intestino delgado
17. Ciego
18. Ovario
19. Uretra
20. Fémur
21. Radio y cúbito

INAMABILIS SCIURUS – LA ARDILLA

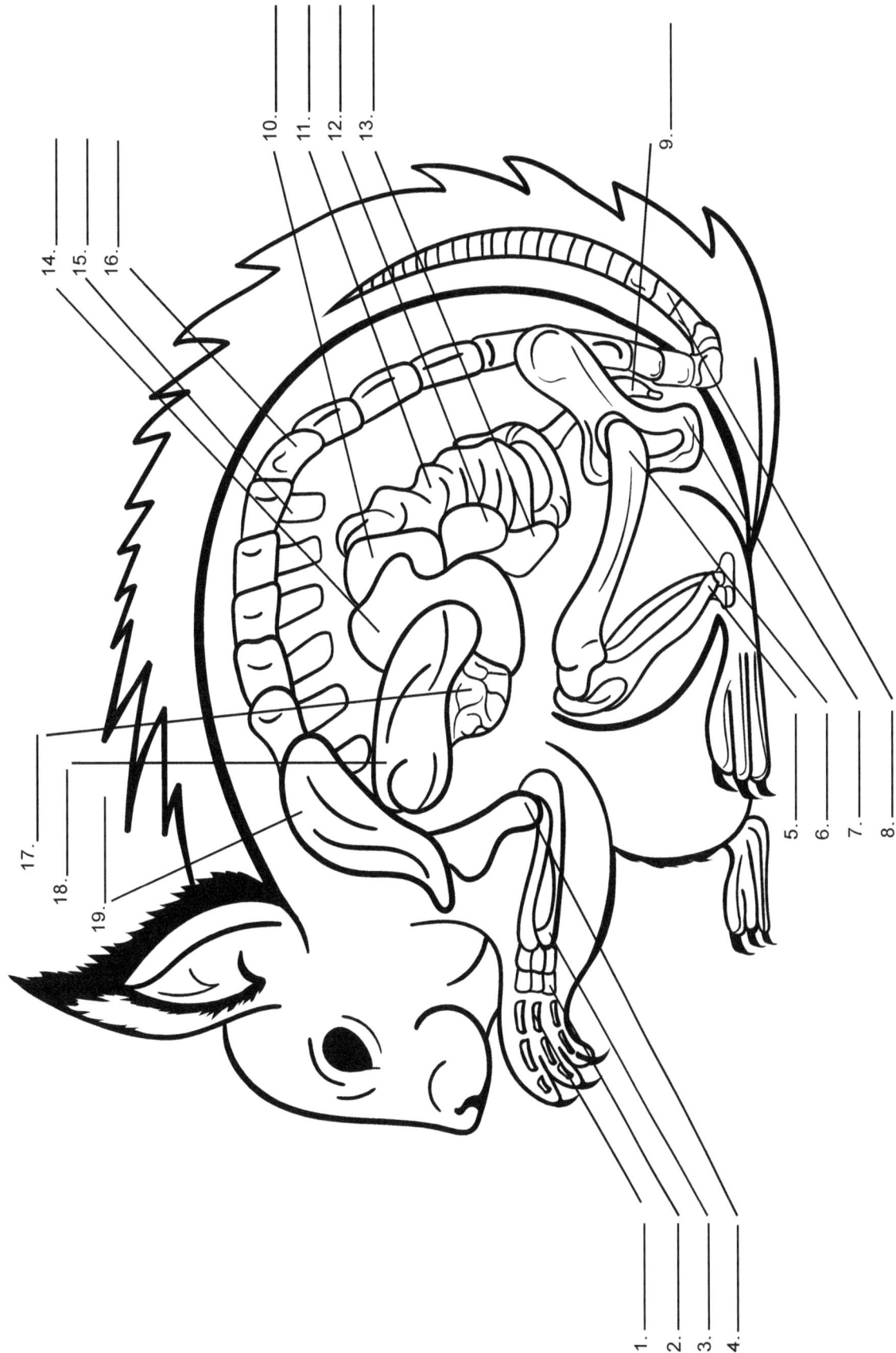

INAMABILIS SCIURUS – LA ARDILLA

1. Falanges
2. Carpos y metacarpianos
3. Radio y cúbito
4. Húmero
5. Tibia y peroné
6. Fémur
7. Isquion
8. Vértebras caudal
9. Uretra
10. Intestino grueso
11. Intestino delgado
12. Riñón
13. Hígado
14. Estómago
15. Costillas
16. Vértebras
17. Corazón
18. Pulmón
19. Escápula

www.ingramcontent.com/pod-product-compliance
Lightning Source LLC
Chambersburg PA
CBHW051353200326
41521CB00014B/2565